SÉRICICULTURE.

COMPTE-RENDU

DU

CONGRÈS

SÉRICICOLE ET INTERNATIONAL

DE

ROVEREDO

SEPTEMBRE 1872.

NICE

TYPOGRAPHIE, LITHOGRAPHIE ET LIBRAIRIE S. C. CAUVIN ET Cᵉ,

Rue de la Préfecture, 6.

1872

SÉRICICULTURE.

COMPTE-RENDU

DU

CONGRÈS

AGRICOLE ET INTERNATIONAL

DE

ROVEREDO

SEPTEMBRE 1879.

NICE

TYPOGRAPHIE, LITHOGRAPHIE ET LIBRAIRIE S. C. CAUVIN ET Cⁱᵉ,

Rue de la Préfecture, 6.

1872

A Messieurs les Membres

de la

SOCIÉTÉ CENTRALE
D'AGRICULTURE, D'HORTICULTURE ET D'ACCLIMATATION

De Nice et des Alpes-Maritimes.

———

MESSIEURS,

Vous avez bien voulu me désigner pour représenter la Société d'Agriculture de Nice au Congrès bacologique et international de ROVEREDO.

Je vous remercie de cette gracieuse attention, car cette excursion a été pour moi des plus instructives et des plus agréables à la fois.

En venant aujourd'hui vous rendre compte de mes impressions de voyage et de ses résultats, je ne fais donc que payer une dette de reconnaissance.

Avant d'arriver aux conséquences pratiques, permettez-moi de vous retracer en quelques mots, le sympathique accueil qui nous attendait dans la charmante ville qui devant nous ouvrait toutes grandes ses portes hospitalières.

Roveredo est bâtie sur l'Adige au milieu des vertes montagnes du Tyrol ; entourée d'une ceinture de mûriers et dans un climat tempéré. On comprend que l'industrie séricicole y soit en grand honneur.

Pour nous recevoir et pour fêter les voyageurs qui venaient la visiter, la ville avait pris ses habits de fête : oriflammes, illumination, musique, théâtre, rien ne manquait.

Un logement dans les maisons particulières était

préparé pour tous les membres du Congrès. Ils y ont trouvé une hospitalité des plus courtoises. Pour mon compte, ma bonne étoile m'a conduit dans la riche habitation de M. GIUSEPPE BATTIOU et je n'oublierai jamais la cordiale réception que j'y ai reçue ; aussi serais-je heureux si ces lignes arrivaient jusqu'à mon hôte et à sa gracieuse jeune femme, comme un écho affaibli de mes sentiments de gratitude pour eux.

I.

Le 16 septembre, à dix heures du matin, le Congrès a été ouvert par S. E. le Ministre de l'agriculture de l'empire d'Autriche.

Le gouvernement de l'empereur ne pouvait mieux démontrer combien il attachait de prix aux progrès de la sériciculture.

280 membres étaient présents : l'Italie et l'Autriche y avaient envoyé leurs plus célèbres professeurs; il me suffira de vous citer les noms de CORNALIA, CANTONI, HABERLANDT, VERSON, VLACOVICH, ZANELLI, ALBERT LEVI.

Le Ministre de l'agriculture français était on ne peut plus mieux représenté par M. MAILLOT, agrégé de l'Université de Paris, à qui nous devons déjà les rapports publiés par le ministère sur les Congrès séricicoles de Goritz et d'Udine.

Mais si les Sociétés, les Comices agricoles et les Chambres de commerce de l'Autriche et de l'Italie, avaient tenu à envoyer des représentants au Congrès, par contre, la Société d'Agriculture de Nice était la seule société française qui y fût représentée. Je ne chercherai point à vous le dissimuler, je considère, à plusieurs points de vue, cette abstention de nos compatriotes comme fâcheuse.

De nombreux applaudissements ont répondu au

discours d'ouverture du Podestà, du Ministre de l'Agriculture d'Autriche et du comte Bossi Fedricotti, président du comité organisateur.

Le Congrès a ensuite nommé son bureau. En voici la composition : *Président* : Fedele Figarolli, président de la Chambre de commerce de Roveredo ; *Vice-président* : le comte Consolati de Trente ; *Secrétaire général* : le baron Kellersberg ; *Secrétaires* : MM. Lanfranco-Morgante et le baron de Moll.

Le comte Consolati, au nom du Comice agricole de Trente, invite les membres du congrès à aller visiter leur station bacologique. Le Congrès accepte et sur les propositions de son président décide de se rendre le lendemain matin à cette invitation. La séance est levée à midi.

II.

Elle est reprise le même jour, à deux heures, sous la présidence de M. Fedele Figarolli ; le procès-verbal de la séance précédente est lu et adopté, le secrétaire donne lecture de la première question ainsi conçue :

« Recherches sur la nature de la maladie des vers-« à-soie dite : Flacherie ou Léthargie. »

A — *Quels sont les changements matériels morbides et les symptômes de cette maladie ?*

B — *S'il y a des différences essentielles entre la* Flacherie *et la* Gattine *et dans le cas affirmatif, quels sont les caractères distinctifs propres à chacune des deux maladies ?*

C — *Si l'état morbide connu sous le nom de* Morts

FLATS (MORTS BLANCS, APOPLEXIE) *constitue par lui-même une maladie spéciale, ou s'il n'est au contraire qu'un degré propre à une autre maladie plus ou moins connue.* (FLACHERIE, GATTINE.)?

Rapporteurs, les professeurs VERSON et VLACOVICH.

M. VLACOVICH lit le rapport et les conclusions (applaudissements) ; les quatre premières réponses sont adoptées par le Congrès sans discussion.

1° — « La maladie des *morts flats* (*morti-passi,* « *morti-bianchi*) l'*apoplexie* et la *léthargie* ne « diffèrent nullement de la maladie que l'on appelle « aujourd'hui Flacherie (*flacidezza*).

2° — « Ces diverses dénominations se rattachent à « des différences légères qui se reproduisent dans « les caractères et les progrès de la *Flacherie*, mais « elles ne doivent pas établir des différences essen- « tielles dans la maladie, ni constituer des formes « particulières.

3° — « L'*Anémie* et la *Flacherie* sont des mala- « dies bien différentes l'une de l'autre: elles diffèrent « par les symptômes, les signes extérieurs et les « progrès.

4° — « Les altérations intérieures que l'on ren- « contre dans les vers frappés d'anémie, diffèrent en « partie de celles que l'on trouve dans les vers flats ; « ces différences sont surtout des différences de degré, « qui peuvent résulter de la durée existant entre les « deux maladies, durée qui est plus longue pour la « Gattine. »

Une discussion pleine d'intérêt et assez longue, s'engage sur la cinquième réponse ; plusieurs orateurs prennent la parole, je citerai, entre autres,

MM. Cornalia, Haberlandt, Albert Levi; le comte
Freschi, Crivelli, Melchiori et les rapporteurs. Le
professeur Zanelli propose un amendement, et,
d'accord avec les rapporteurs, la cinquième réponse,
ainsi conçue, est adoptée par le Congrès :

5° — « Il serait prématuré de décider, si la *Flache-
« rie* et l'*Anémie*, qui diffèrent par la forme l'une
« de l'autre, diffèrent aussi par leur essence ; ou bien
« si elles ne représentent que deux formes différen-
« tes d'une même maladie *et dans ce cas* si la pre-
« mière correspond à la forme aiguë et la seconde
« à la forme chronique. »

Sur ce même sujet, M. l'ingénieur Guido Susani
propose l'amendement suivant qui est adopté :

« Le Congrès, approuvant les conclusions des rap-
« porteurs, prie M. le Président de veiller à ce qu'il
« soit transmis au Comité organisateur du prochain
« congrès, une série d'expériences propres à amener
« la solution de cette question importante. »

Après cette discussion, M. le Président prie le secrétaire Baron de Moll de donner lecture de la seconde question.

« A quelles conditions morbides se rattachent :
(a) — *Le* Négrone *des chrysalides (les fondus).*
(b) — *La* Couleur plombée *ou* Gris foncé *aux an-
neaux abdominaux du papillon.*
(c) — *La présence des* Taches noires *qu'on aper-
çoit, soit aux ailes, soit aux autres parties du papillon.*

Les rapporteurs sont : MM. Cesare Disideri et
Carlo Bossi.

La discussion est ouverte sur la première réponse, entre les rapporteurs, MM. GRÉGORI, SUBAKI, ZANELLI, GARDI, GASPARINI, FRANCESCHINI, LEPORI, HABERLANDT, VERSON, A. LEVI, VLACOVICH prennent la parole. On ne peut sur ce point tomber d'accord et dès lors, la proposition de suspendre la discussion sur l'article 1er de la 2me question est adoptée et une Commission composée de MM. HABERLANDT, LEVY et ZANELLI est nommée pour présenter dans la prochaine séance, et de concert avec les rapporteurs, une réponse au Congrès.

Sur ce, M. le Président déclare la séance close (il est cinq heures du soir) et invite les membres du Congrès à se réunir le lendemain à deux heures de l'après-midi, la séance du matin étant remplacée par le voyage à Trente.

Le 17, à deux heures du matin, exacts au rendez-vous qui nous avait été donné la veille, nous quittâmes Roveredo pour Trente par un train spécial mis à notre disposition.

Reçus par les autorités de la Ville, musique en tête, les invités prirent place dans des voitures qui les attendaient et le cortége se dirigea vers le palais du comte CONSOLATI où une somptueuse collation nous fut offerte.

Les membres du Congrès purent ensuite jouir à leur aise du superbe panorama que l'œil découvre du palais CONSOLATI. Bâtie sur une hauteur, cette demeure princière voit se dérouler à ses pieds l'Adige et s'étendre comme un riche tapis, la belle vallée au milieu de laquelle s'élève Trente.

De là, nous nous rendons à la station bacologique. Que d'exemples à y recevoir et à imiter ! Dans ce pays où la sériciculture a fait de bien plus grands progrès qu'en France, toutes les sociétés d'agriculture ont établi des magnaneries modèles où se pratiquent des essais sur les races vertes et jaunes et où se font des grainages de sélection dans des proportions considérables.

La Station bacologique de Trente, comme la Société d'Agriculture de Roveredo, a dû faire cette année plusieurs centaines d'onces de graines cellulaires. De nombreux micographes travaillent à l'examen de ces graines, ensuite vendues aux sériciculteurs de la contrée qui en font la demande. (Il est interdit aux sociétés de vendre ces graines au dehors.) Grâce à cette heureuse initiative, les pays que j'ai visités seront bientôt affranchis du lourd impôt que nous payons au Japon et les races à cocons jaunes augmenteront considérablement les produits de cette riche industrie.

Après avoir terminé cette visite instructive pour tous les membres du Congrès, nous traversons la ville de Trente en examinant son riche musée et ses monuments les plus célèbres.

L'église où fut tenu le fameux concile reçoit naturellement de nombreuses visites.

A onze heures, nous nous retrouvons tous réunis à la gare du chemin de fer. Un magnifique banquet de 300 couverts nous y était servi. Des fleurs et des fruits à profusion ; des trophées où se marient les drapeaux des nations représentées au congrès, ornent cette superbe salle ; les vins les plus renommés du pays coulent à flots ; rien ne manque à cette paisible et cordiale fête de l'agriculture, qui se termine par de nombreux toasts à l'Empereur d'Autriche, aux membres du Congrès, aux habitants de l'hospitalière Trente.

Il etait midi et demi lorsque le sifflet du chemin de
fer, nous arrachant aux délices de la table, nous rappela à la réalité de notre utile mission. A regret nous
mîmes un terme à cette gracieuse réception et ce fut
encore aux accords joyeux de la musique et au bruit
des vivats redoublés que nous nous éloignâmes du
chef-lieu du Trentin.

III.

Rentrés à Roveredo, nous reprîmes séance à deux
heures et demie, le procès-verbal de la réunion précédente est lu et adopté.

M. le Président donne la parole au rapporteur, celui-ci reprenant la discussion au point où elle était
restée la veille, lit les conclusions suivantes, au sujet
de l'article 1ᵉʳ de la seconde question : d'après les observations présentées au Congrès par l'illustre professeur HABERLANDT, les rapporteurs émettent le vœu
que, ce point n'étant pas suffisamment élucidé, de nouvelles études soient faites par le prochain congrès à
ce sujet. Ce qui est approuvé.

La discussion sur la seconde réponse est alors ouverte. Plusieurs orateurs y prennent part, après un
débat assez long, on s'arrête aux conclusions suivantes :

« La *coloration uniforme* répandue sur tout le
« corps du papillon n'est qu'un caractère physiologi-
« que. »

« La *coloration à taches plus ou moins irrégu-
« lières* (les *charbonnés* de PASTEUR, appelées *More*
« par LEVI) montre il est vrai dans un grand nom-
« bre de cas une corrélation avec l'infection corpus-

« culaire ; mais elle ne s'y rattache cependant pas
« comme l'effet à la cause. »

« Quoique plusieurs papillons ainsi colorés soient
« exempts de corpuscules, il est toutefois prudent de
« ne pas les admettre dans le grainage ; il convient
« même d'exclure les lots qui en fournissent une trop
« grande quantité »

Le rapporteur lit ensuite les conclusions du troisième article et après discussion, la réponse ainsi
conçue est adoptée par le Congrès :

« Aucune corrélation positive n'existe entre les
« *vésicules*, les *petites taches* du papillon qui en
« résultent et l'*infection corpusculaire* ; dès lors,
« elles ne doivent pas fournir un pronostic néfaste
« pour la reproduction. »

Ce point élucidé, M. le Président déclare la séance
terminée.

IV.

Le soir à huit heures la quatrième séance fut ouverte selon les formalités ordinaires.

Lecture fut donnée de la troisième question suivante :

A savoir : *Si abstraction faite de la présence des
corpuscules connus, on peut retrouver dans les
œufs des caractères suffisants pour donner des in-
dices d'un état morbide, et cela par l'examen extérieur des œufs même; c'est-à-dire de la forme, du
poids, de la couleur, des parasites, des conditions
de la ponte et des proportions de fécondité et d'in-*

fécondité de ces œufs; ou bien par l'examen de leur contenu. »

Le rapport et les conclusions sont lus et la discussion est ouverte. MM. GREGORI, PASQUALIS, VERSON, SUSANI, ALBERT LEVI, MAILLOT, prennent la parole. M. MAILLOT propose un amendement et d'accord avec les rapporteurs, les conclusions suivantes sont soumises au Congrès :

« Attendu qu'il résulte des observations faites,
« que, par l'examen extérieur, on ne peut tirer au-
« cun pronostic des propriétés physiques des grai-
« nes, quant à la *flacherie* et préjuger les résultats
« de l'éducation ; d'un autre côté, comme jusqu'à ce
« jour on ne peut affirmer que les caractères exté-
« rieurs des graines suffisent à elles seules pour éta-
« blir un rapport rationnel entre les pontes de plu-
« sieurs papillons ; le Congrès recommande de con-
« tinuer les expériences et les études sur ce sujet. »

Ces conclusions approuvées, M. le Président lève la séance. Il est dix heures et demie du soir.

V.

Le 18, à huit heures et demie du matin, la cinquième séance fut ouverte selon les formes ordinaires et sous la présidence de M. FIGAROLLI. Le secrétaire a la parole pour lire la quatrième question.

On engage les éducateurs à établir des observations et des expériences pour reconnaître si *la maladie dite flacherie est ou non héréditaire, contagieuse ou non et à envoyer au Comité le résultat de leurs recherches.*

Rapporteurs: MM. GIUSTO, PASQUALIS et RUGGERO COBELLI.

C'était là une des plus importantes questions que le Congrès eût à résoudre et la discussion a été longue et animée; MM. GIRRI, ANGELO et ALBERT LEVI, SUSANI, FERRARI, MARCY, HABERLANDT, BOLOGNINI, ROSA, CHIOZZA, FRESCHI, VERSON et ZANELLI discutent ce point ; mais l'heure avancée ne permettant pas d'élucider cette question , M. le Président lève la séance.

VI.

Elle est reprise de nouveau à une heure et demie; les tribunes regorgent d'auditeurs. MM. PECILE , MARIANI, GASPARINI, NICOLÒ, CALO, CEOLONI et les rapporteurs prennent successivement la parole. DON BONFANTI veut même, séance tenante, démontrer au Congrès quelle est la cause de la *flacherie*. L'attention du public , fortement surexcitée , se concentre toute entière sur un verre d'eau apporté à l'opérateur et sur un malheureux vers-à-soie qui y est incontinent plongé. Que va faire ce vers dans ce bain immérité? Chacun se le demande. DON BONFANTI espère démontrer que l'humidité va donner au vers la *flacherie*. Mais la victime, produit sans doute d'une graine cellulaire trop pure, résiste longtemps, et la *flacherie* se faisant trop attendre, M. le Président juge prudent d'abréger les souffrances du vers en le renvoyant, accompagné de DON BONFANTI, devant une commission. Là, il faut bien le dire et que DON BONFANTI nous le pardonne, la *flacherie* n'arriva pas. Ce fut la note drôlatique de la séance.

Les conclusions suivantes furent ensuite adoptées par le Congrès :

« Quoique dans certains cas, les vers-à-soie prove-
« nant d'un lot fortement miné par la *flacherie* aient
« donné de bons résultats, il est cependant constaté
« que dans les éducations provenant des graines fai-
« tes avec des lots qui avaient été atteints de *flacherie*
« les dispositions à cette maladie se manifestent très-
« souvent.

« Il faut donc en conclure que les lots infectés de
« *flacherie* et même suspects, doivent être absolu-
« ment exclus du grainage. »

Un ordre du jour est ensuite présenté au Congrès
qui l'adopte. En voici le résumé :

« Vu qu'il résulte des expériences et des observa-
« tions faites par MM. HABERLANDT et A. LEVI, que la
« prédisposition à *la flacherie* peut quelquefois
« arriver accidentellement, même dans les graines
« provenant d'un lot dont l'éducation l'année précé-
« dente n'avait présenté aucun symptôme de cette
« maladie et qui avait au contraire tous les carac-
« tères que demande un bon grainage, le Congrès
« recommande aux sériciculteurs et aux savants de
« tenir compte de ces cas de *flacherie* accidentels et
« d'élever toujours séparément les graines prove-
« nant de lots différents.»

Après discussion, la seconde réponse est adoptée ;
la voici :

« Considérant que, si on laisse les vers-à-soie morts
« de *flacherie* près d'autres vers-à-soie qui ne présen-
« tent aucun indice de cette maladie, ces derniers en
« meurent très-souvent.
« Qu'il faut donc en conclure que la *flacherie* se

« répand dans les chambrées et dans les mêmes pro-
« portions que les maladies épidémiques.

« Il convient dès lors d'enlever de suite les vers-à-
« soie morts ou malades de *flacherie*, surtout si dans
« le même local se trouve une autre partie de vers
« qui n'ait point encore des symptômes morbides. Il
« serait même préférable d'enlever ces derniers et
« de désinfecter complètement les magnaneries
« éprouvées. »

M. le Président, prie le secrétaire, baron de MOLL,
de donner lecture de la cinquième question:

Est-il préférable d'employer l'accouplement illimité *ou* limité, *pour améliorer les races de vers-à-
soie ?*

Rapporteurs, MM. GADDI et CORNALIA, directeur
du Musée de Milan.

Ce dernier en allant prendre place au banc des rapporteurs est accueilli par des applaudissements unanimes dans la salle et aux tribunes.

Les conclusions suivantes sont adoptées par le
Congrès sans discussion:

« Considérant que cette question n'a été résolue
« par personne, le Congrès vu son importance en pro-
« pose l'étude aux sériciculteurs, afin d'en avoir la
« solution dans le prochain Congrès. » [1]

_____

(1) A ce sujet, qu'il me soit permis de dire que les membres
le la Société d'agriculture de Nice, MM. FUNEL de CLAUSONNE,
BONNAIRE et AUDOYNAUD qui sont venu visiter mon grainage

Ce point réglé, M. le Président donne la parole au
secrétaire pour faire lecture au Congrès de la sixième
question.

*Quelle est la meilleure méthode à suivre pour
isoler les couples des papillons pendant la confection cellulaire des graines, et préserver les cellules
de toute influence nuisible, surtout de celle des Dermestes.* [1]

Rapporteurs : MM. Susani et le Docteur Bettoni.

M. Susani lit le rapport, mais l'heure avancée ne
permettant pas de terminer cette question M. le Président renvoie la discussion au lendemain.

VII.

Le 19, toujours sous la Présidence de M. Fedele
Figarolli, la septième séance est ouverte à huit heu_

---

de Grasse au mois de juillet, doivent se rappeler que les trois
quarts de ce grainage cellulaire sont faits d'après le système
Pasteur avec accouplement *limité* (toile avec poche) et un
quart selon le système Susani avec accouplement *illimité*
(sachets de gaze). Comme j'ai employé les deux systèmes dans
chaque lot de mon grainage, je puis, de suite après la récolte,
faire connaître à la Société d'agriculture quelle sera la différence dans les résultats obtenus.

[1] Le *Dermestes Lardarius* est un insecte coléoptère, qui
dépose ses œufs en juin et juillet, là où il sent quelques ma-
tières animales propres à nourrir ses larves. Celles-ci éclosent
très-vite et, pendant plus de quarante jours, dévorent tout ce
qui est à leur portée, la peau, les fourrures, le lard, les cada-
vres; elles se mangent même entre elles.

Quand elles envahissent les sacs des portes cellulaires elle
n'y laissent rien. (M. Maillot, *rapports sur les Congrès de
Goritz et d'Udine.*)

res et demie du matin, la discussion est reprise sur la sixième question.

MM. GASPARINI, FRIGERIO, BETTONI, FRANCESCHINI, SABIONI et les rapporteurs prennent la parole, et les conclusions suivantes sont approuvées par le Congrès :

1° — « La grande partie du système de cellules, « dont on se sert pour la confection des graines cel- « lulaires, peuvent, lorsqu'on le fait avec habileté, « être également employées pour arriver à de bons « résultats. Toutefois notre connaissance en cette « matière, nous fait donner la préférence aux *sachets* « *de gaze*, surtout pour des grainages considéra- « bles. »

2° — « Il faut, si on veut préserver les graines de « toute influence nuisible, que les cellules puissent « facilement et en tout temps être inspectées et con- « servées dans des locaux secs et aérés. »

3° — « En ce qui concerne le Dermeste on recom- « mande l'essai de l'huile de *Bouleau* (olio di Beluta); « on doit, en attendant, expérimenter son influence « sur les graines. [1]

M. le Président prie ensuite le secrétaire baron de MOLL de donner lecture de la septième question ainsi formulée :

Moyens pour propager l'instruction pour l'usage des microscopes et faciliter la confection des grai-

---

[1] Dans les coconnières des filatures, cet insecte fait aussi de grands ravages. Un de mes amis, filateur à Grasse, emploie comme préservatif, des *branches fraîches de cyprès* suspen- dues aux montants où se trouvent les cocons secs, l'odeur forte de cet arbre servirait, paraît-il, à éloigner cet insecte.

nes par le système cellulaire en la faisant ainsi connaître davantage.

Rapporteurs : MM. le docteur ROMANIN-JACOUR et ANTONIO KELLER, professeur.

Après une courte discussion les conclusions suivantes sont adoptées:

1° — « Le Congrès, en reconnaissant les bienfaits
« réalisés déjà par les stations séricicoles d'essai,
« qui ont complètement satisfait les désirs exprimés
« par le Congrès de Goritz, émet le vœu, qu'afin de
« répandre davantage encore l'instruction néces-
« saire pour l'usage du microscope, chaque contrée,
« suivant son importance séricicole, alloue une
« somme qui permette d'envoyer des élèves à des
« écoles établies dans ce but. »

2° — « Le Congrès recommande à tous les sérici-
« culteurs de confectionner eux-mêmes leurs grai-
« nes par le système cellulaire, et s'ils ne peuvent
« faire eux-mêmes les observations micoscropiques,
« de les confier à des opérateurs intelligents qui
« pourraient au besoin confectionner la graine dans
« la maison du producteur. »

La septième question étant épuisée, M. le Président invite le Secrétaire à lire la huitième question:

(A)— *Expériences de comparaison faites sur des vers-à-soie provenant de la même race et de la même qualité des graines obtenues par la même éducation et confectionnées d'après le système cellulaire. Ces expériences ont pour but de montrer les effets de l'éducation conduite à l'aide d'une*

*chaleur croissante, ou d'une chaleur constamment
élevée.*

(B)— *Comment pourrait-on pourvoir à ce chauffage économiquement ?*

(C)— *Quelle différence y a-t-il entre ces expériences de comparaison eu égard aussi aux maladies dominantes ?*

(D)— *Quels accidents peuvent survenir, suivant
la méthode de l'éducation susdite, notamment par
l'effet de l'instabilité de la température au dehors,
quoique la température au dedans soit maintenue
au degré convenu ?*

Les rapporteurs sont : M. le Commandeur GAETAN
CANTONI, directeur de l'École supérieure d'agriculture de Milan et M. FELICE FRANCESCHINI, professeur.
M. CANTONI, en allant occuper le banc des rapporteurs,
est accueilli lui aussi par des applaudissements unanimes et prolongés.

M. le Président déclare la discussion ouverte.

MM. les docteurs CARRET (de Chambéry), SUSANI,
ALBERT LEVI, CERLETTI, FERRARI, GAVAZZI et le comte
FRESCHI prennent la parole.

Le docteur CARRET développe les avantages d'un
système de son invention et recommande l'emploi
des poêles en tôle.

Le système à haute pression du docteur rencontre
de nombreux contradicteurs. Mais vu l'heure avancée, car il est onze heures et demie, le président
ajourne la discussion.

VIII.

Elle est reprise à deux heures et demie toujours sous la présidence de M. FEDELE FIGAROLLI, le procès-verbal de la séance précédente est lu et adopté.

Sur la huitième question, M. CARRET prend la parole soutenu par M. FERRARI et combattu par d'autres membres. Le Congrès après une très-longue discussion demande la clôture et approuve les conclusions des rapporteurs qui sont les suivantes :

1° — « D'après les expériences faites jusqu'à ce jour « on ne pourrait affirmer que les éducations faites « à une haute température aient donné des meilleurs « résultats. »

2° — « Quoique les données actuelles soient insuffi- « santes pour juger complétement la question, il con- « vient néanmoins de conseiller aux éducateurs de « s'abstenir de ces appareils de chauffage, dont il « est difficile de bien se servir et avec lesquels on « n'obtient qu'avec peine une température régu- « lière. Les poêles métalliques et les poêles en tôle « sont également sujets à des irrégularités, on re- « commande au contraire les appareils les plus « simples et les plus économiques construits en ma- « çonnerie. »

3° — « Les différences que l'on a observées ne sont « nullement à l'avantage d'une température élevée, « car il résulte des expériences faites que dans une « atmosphère trop chaude les transformations subies « par les vers-à-soie sont moins régulières et que « les maladies se manifestent avec une plus grande « rapidité.

4° — « Quant à la 4me réponse, les expériences font
« défaut pour la résoudre; les rapporteurs croient
« cependant que si le temps est froid et humide, l'é-
« ducation faite à une température élevée doit éprou-
« ver des dommages à cause d'une alimentation trop
« en désaccord avec la température des chambrées. »

Les questions soumises au Congrès étant épuisées,
M. le Président donne alors la parole à M. MAILLOT
qui désire rendre compte d'un mémoire que M.
RAULIN, élève de M. PASTEUR, vient d'adresser au
Congrès.

M. RAULIN rend compte des expériences faites sur
les éducations, par *pontes isolées*.

M. MAILLOT fait ressortir les immenses avantages
que la sériciculture doit retirer de ce système qui ren-
dra forcément les races plus robustes et plus vigoureuses. (Applaudissements prolongés dans toute la
salle.) Le Congrès approuve l'impression du mémoire
de M. RAULIN.

Pour mon compte, j'ai fait cette année quelques
éducations par *pontes isolées*, les différences que
j'ai remarquées soit dans la marche des éducations,
dont les pontes provenaient cependant toutes d'un
même lot, soit enfin dans les résultats obtenus aux
rendements, m'engagent à faire ces éducations en
grand.

La Société d'agriculture de Nice pourra, si elle le
désire, nommer une commission pour suivre dans
mes magnaneries ces expériences qui seront faites en
même temps sur trois races, race des *Alpes*, du *Var*
et de *Toscane*, dont j'ai rapporté d'Italie quelques
graines cellulaires.

M. Pasteur, traitant cette question majeure dans un mémoire présenté cette année au Congrès de Lyon, termine ainsi :

« De nos bonnes pontes, prenons la meilleure celle
« qui vous a paru être la plus satisfaisante sous le
« rapport de la vigueur des vers, de leur prestesse à
« monter à la bruyère, de leur rapidité à accom-
« plir toutes les phases de leur vie, et qui aura, par
« exemple, donné en outre autant de cocons que de
« vers à la naissance, circonstance qui se présente
« fréquemment: faisons grainer cette ponte et l'an-
« née suivante, élevons de nouveau séparément
« toutes les pontes qu'elle aura produites dans notre
« nouvelle éducation ; choisissons encore la meil-
« leure, ou les meilleures, de nos pontes nouvelles;
« continuons de la même façon les années suivan-
« tes. Il est de toute évidence qu'on arrivera ainsi
« à des graines de plus en plus vigoureuses. Je puis
« ajouter que déjà l'expérience a commencé de
« confirmer ces prévisions si bien d'accord avec
« les lois de la physiologie générale.

« Telle est, Messieurs, la solution pratique du
« problème sur lequel j'ai voulu appeler votre at-
« tention dans cette séance. Je la recommande ins-
« tamment à la sollicitude de tous ceux qui ont à
« cœur la prospérité d'une de vos plus belles indus-
« tries, source de la fortune de la riche cité lyon-
« naise. »

Avec de tels encouragements, ni les frais d'instal-
lation, ni les dépenses que nécessiteront ces nombreuses et petites éducations, ni les ennuis d'une comp-
tabilité et d'une surveillance forcément minutieuses,
rien, en un mot, ne doit vous arrêter, si l'on peut ar-

river à régénérer vos belles races à cocons jaunes et atteindre ce *desiderata* de nos rêves d'éducateurs.

Le Président, aux termes de l'article 23 du règlement, interroge le Congrès pour savoir s'il désire qu'un quatrième Congrès international ait lieu. A l'unanimité le Congrès répond affirmativement et fixe l'année 1874 pour cette réunion.

M. MAILLOT, au nom du gouvernement qu'il represente, se lève alors et prie le Congrès de choisir la France pour y tenir sa prochaine réunion.(Nombreux applaudissements).

MM. SUSANI, CANTONI et MARCY appuient la proposition faite par M. MAILLOT qui est votée à une grande majorité.

M. le président demande ensuite à l'assemblée de vouloir bien désigner la ville où se tiendra le prochain Congrès. Sur la proposition de M. MAILLOT ce choix tombe sur la ville de Montpellier. Cela fait, on s'occupe de nommer un comité chargé des publications et de l'organisation du quatrième Congrès.

Ce Comité sera ainsi composé :

M. FEDELE FIGAROLLI, président du 3e Congrès, le président de la Société d'Agriculture de Roveredo et MM. DUMAS, secrétaire de l'Institut de France, PASTEUR, CORNALIA, CANTONI, le Comte FRESCHI HABERLANDT, VERSON, VLACOVITH et MAILLOT. Tous ces noms, à mesure qu'il sont appelés, sont accueillis par d'unanimes applaudissements et votés d'un commun accord.

La séance est levée à six heures et demie du soir.

IX

Le 20 à neuf heures du matin, M. le Président ouvre la séance par les formalités d'usage, les tribunes regorgent de monde et nous y remarquons un grand nombre de dames.

Le baron ALISANI, conseiller aulique, représentant l'Autriche, dans un très-beau discours, fréquemment interrompu par les applaudissements, exprime aux membres du Congrès la reconnaissance de son gouvernement. « La sériciculture retirera de ces « recherches et de ces discussions mêmes de grands « bienfaits et en travaillant pour améliorer cette « riche branche de l'industrie on travaille pour une « cause commune à tous, chère à tous ; celle de « l'humanité. Au nom de l'Autriche il adresse à « tous les membres un fraternel et cordial adieu. »

M. COLLOTA, représentant le ministre d'agriculture italien, remercie à son tour le Gouvernement autrichien et la Ville de Roveredo.

M. MAILLOT adresse également des remerciements au Congrès au nom de la France pour le choix qu'il a bien voulu faire, comme siége du quatrième congrès séricicole, de la ville de Montpellier, qui sera heureuse de cette distinction. Il invite tous les membres présents à faire partie de la future réunion. Ses paroles sont accueillies par des nombreux bravos.

C'est encore au bruit des vivats que M. BOLOGNINI, au nom du Congrès, fait ses adieux à la gracieuse ville de Roveredo et à tous les éducateurs du Trentin qui ont bien mérité de la sériciculture. Il propose l'ordre du jour suivant, qui est adopté d'enthousiasme :

« Pour perpétuer la mémoire de l'accueil hospitalier
« que les membres du Congrès ont reçu, une mé-
« daille sera décernée, toutes les années, par la Société
« d'Agriculture de Roveredo, au sériciculteur le plus
« méritant; les fonds nécessaires seront déposés à
« cet effet à la Chambre de Commerce. »

M. CORNAGLIA propose de voter également des remerciements à la Ville de Trente et exprime le vœu que
pour témoigner leur reconnaissance aux habitants du
brillant accueil qu'ils ont fait aux membres du Congrès, un objet d'art soit offert par eux'à la Ville. Cette
motion est accueillie par des bravos et adoptée.

M. SANNICOLÒ, podestà de Roveredo, exprime, au
nom de ce pays, la satisfaction que lui fait éprouver
ces offres gracieuses et M. CONSOLATI en dit autant
au nom de la Ville de Trente.

M. BOSSI FREDIGOTI, président du Comité organisateur du Congrès, dans cette langue italienne si
riche en harmonie, et qui paraît plus harmonieuse
encore dans la bouche de l'orateur, remercie les
membres de l'assemblée de leur empressement à se
rendre à l'invitation qui leur a été adressée; Roveredo gardera toujours le souvenir de leur trop rapide
passage.

M. ALBERT LEVI, au nom de ses collègues, félicite
chaleureusement M. le Président, et celui-ci, dans
quelques paroles émues, adresse à son tour des élo-
ges au bureau qui l'a assisté dans sa tâche et exprime
sa reconnaissance au Congrès pour sa bienveillance
flatteuse.

La session est ensuite par lui déclarée close, et on
se quitte en échangeant de cordiales poignées de
mains et en se donnant rendez-vous à Montpellier.

Tel est, Messieurs, le rapide et imparfait résumé de la mission que vous m'aviez confiée. J'ai pu reproduire avec fidélité, je l'espère du moins, les conclusions adoptées ; mais ma plume sera inhabile à retracer le tableau de cette réunion où n'a cessé de régner, au milieu d'un ravissant pays et loin de toute politique, la cordialité la plus grande.

Souhaitons que cette belle et fructueuse fête de l'agriculture trouve un digne successeur dans le congrès de 1874 ! Puissent nos éducateurs avoir tous alors pour la sériciculture cette sollicitude éclairée que montrent si bien nos voisins !

Les membres du comité organisateur, pris parmi les sommités séricicoles, en nous communiquant les résultats de leurs savantes études, apporteront à l'industrie qu'ils éclairent et qu'ils animent, un élan nouveau, dont, il faut l'espérer, nous saurons profiter, surtout si nos populations séricicoles, comprenant les avantages que l'agriculture peut seule avec l'industrie donner à la France, s'éloignent enfin de ces discussions politiques aussi tapageuses que nuisibles pour se livrer entièrement aux études et aux travaux agricoles.

Puissions-nous enfin faire revivre, au milieu de nos jours tourmentés, cette vérité que Virgile burinait il y a vingt siècles dans ce vers harmonieux et toujours vrai :

> O fortunatos nimium sua si bona norint
> Agricolas !

Veuillez agréer, Messieurs, l'assurance de mes sentiments tout dévoués.

ALBIN MARCY.

Grasse, le 28 septembre 1872.

www.ingramcontent.com/pod-product-compliance
Lightning Source LLC
Chambersburg PA
CBHW060513200326
41520CB00017B/5017